新一代 集控系统 智能监控助手 **一本通**

国网浙江省电力有限公司 组编

中国电力出版社
CHINA ELECTRIC POWER PRESS

内 容 提 要

本书共 5 章，主要内容包括设备监视业务、事件处置业务、监控值班日常业务、运行分析业务、常见问题及解决方法五个部分，涵盖设备监控相关业务及相应功能支撑，从业务需要出发，解决值班人员实际痛点，不断提高设备监控专业数字化、智能化水平。本书可供集控站变电监控、变电运维基层人员和管理人员阅读。

图书在版编目（CIP）数据

新一代集控系统智能监控助手一本通 / 国网浙江省电力有限公司组编. —北京：中国电力出版社，2024.5
ISBN 978-7-5198-8714-8

Ⅰ.①新… Ⅱ.①国… Ⅲ.①变电所－智能控制－监控系统 Ⅳ.① TM63

中国国家版本馆 CIP 数据核字（2024）第 046673 号

出版发行：中国电力出版社
地　　址：北京市东城区北京站西街 19 号（邮政编码 100005）
网　　址：http://www.cepp.sgcc.com.cn
责任编辑：肖　敏（010-63412363）
责任校对：黄　蓓　马　宁
装帧设计：王红柳
责任印制：石　雷

印　　刷：三河市万龙印装有限公司
版　　次：2024 年 5 月第一版
印　　次：2024 年 5 月北京第一次印刷
开　　本：880 毫米 ×1230 毫米　32 开本
印　　张：1.5
字　　数：28 千字
定　　价：18.00 元

新一代

集控系统
智能监控助手
一本通

前言

随着变电站设备集中监控职责的调整，对进一步提升设备监控业务质效及专业管理水平提出更高要求，为进一步提高设备监控专业建设和管理水平，规范设备监控专业工作，提升设备监控、运维等专业人员的专业技能，国网浙江省电力有限公司（简称国网浙江电力）基于设备监控专业业务需求，开展智能监视、智能处置、智能交互等功能建设，打造一套满足设备监控专业应用需求的新一代集控系统智能监控助手（简称智能监控助手），解决设备监控强度不足、设备管理细度不足、智能化支撑力度不足等问题，有效提升设备状态感知能力、缺陷发现能力、智能处置能力、主动预警能力和应急处置能力。

本书按照国家电网有限公司关于集控站建设、应用、运维、检修和管理的要求，立足基层工作实际，结合专业实际需求和新理念编写而成。本书主要内容为设备监视业务、事件处置业务、监控值班日常业务、运行分析业务、常见问题及解决方法五部分，涵盖设备监控相关业务及相应功能支撑内容，从业务需求出发，解决值班人员实际痛点，提高设备监控专业数字化、智能化水平。

本书可作为集控站变电监控、变电运维基层人员和管理人员的培训教学用书。

由于编者水平及时间有限，书中难免存在错误和遗漏之处，敬请各位读者予以批评指正！

编者

2023 年 11 月

目 录

新一代 集控系统
智能监控助手
一本通

1 | 设备监视业务

1.1 设备监视业务说明

变电站运维人员是变电站设备的"主人",是设备全寿命周期管理的落实者、运检标准的执行者、设备状态的管理者,通过全景监视模块对集控站所辖区域变电站重要设备的设备履历、设备运行及设备告警等情况集中监视,并展示影响监控的运维、检修、调试作业信息;通过信号筛选、信号自动巡视模块对历史与实时告警信号标签化管理及监控信号自动巡视;以全面掌握集控站和各变电站的全景状态,满足一体监视、数据穿透的需要。设备监视业务流程如图 1-1 所示。

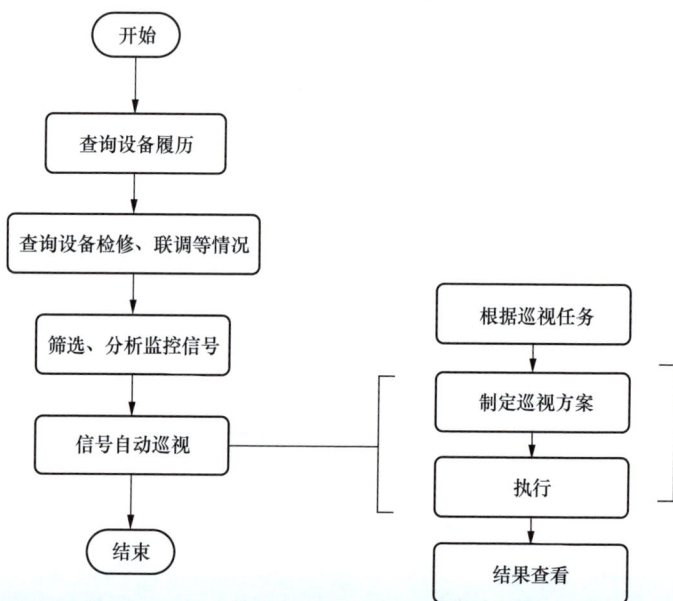

图 1-1 设备监视业务流程

1.2 全 景 监 视

通过可视化展现方式，以示意图、图表、文字标注等方式向运维人员展示集控站及各变电站设备总体运行情况、运维情况、统计数据等信息。全景监视如图 1-2 所示。

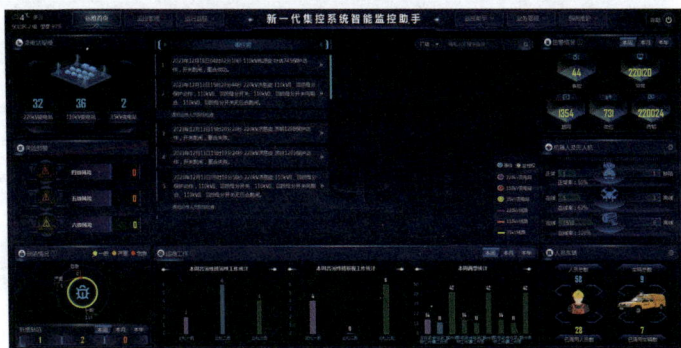

图 1-2　全景监视

通过工作状态监视模块，展示影响监控的运维、检修、调试作业信息，运维业务监视如图 1-3 所示。

图 1-3　运维业务监视

通过主设备信息一体化模块展示变电站内重要设备的设备履历。选择设备所属间隔，点击查看对应设备及设备台账详情，包括设备名称、型号及生产厂家等信息。变电站设备履历如图1-4所示。

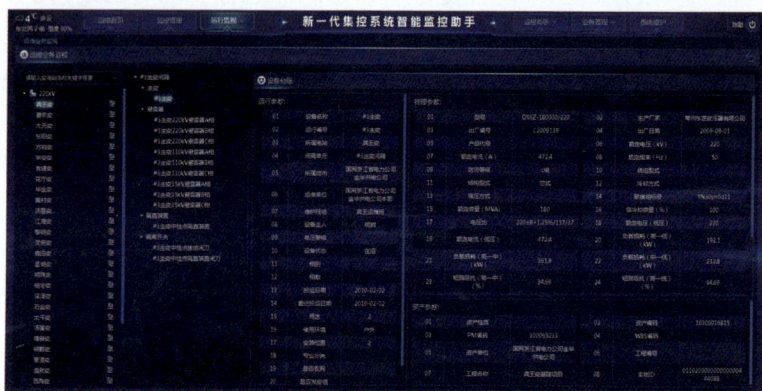

图1-4 变电站设备履历

1.3 信 号 筛 选

监控人员通过使用告警信号查询（见图1-5），对大量的历史及实时告警信号，按事故、异常、越限、变位及告知类型进行分类管理，对相同信号合并统计次数，快速分析告警信号，筛选频发告警信号，提升信号监视效率。

信号上窗功能实时展示72h内动作未复归信号（见图1-6），支持已挂标签的信号展示，支持信号缺陷关联及标签挂摘。（备注：未复归定义是针对事故、异常类信号，展示动作信号，不展示复归信号；针对越限类信号，展示越上限1、越上限2，不展示正常信号；针对变位信号，展示分闸信号、合闸信号。）

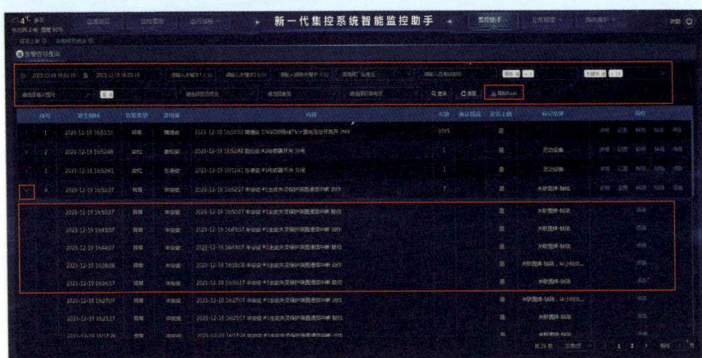

图 1-5　告警信号查询

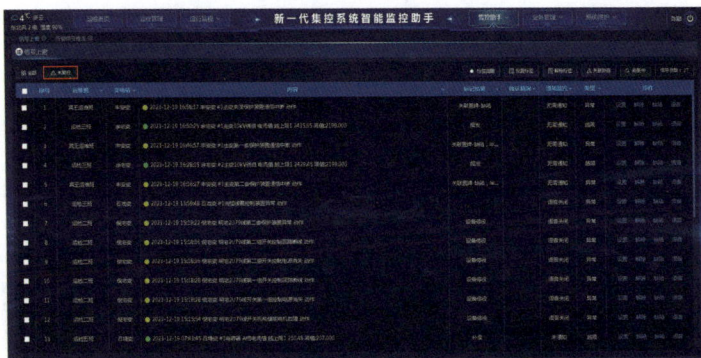

图 1-6　信号上窗—未复归

实时展示24h内全量信号，将上窗信号（事故、异常、变位、越限类，除掉告知）进行展示，且不受标签配置页面影响。信号上窗—全部如图1-7所示。

标签规则配置支持挂牌标签、规则标签、点表标签的配置，包括标签的启停，是否上窗、是否参与研判、挂上标签后的通知方式等。监控人员应用是否参与研判功能，对挂牌标签等告警信号进行过滤，辅助事件研判，提高事件研判准确率。

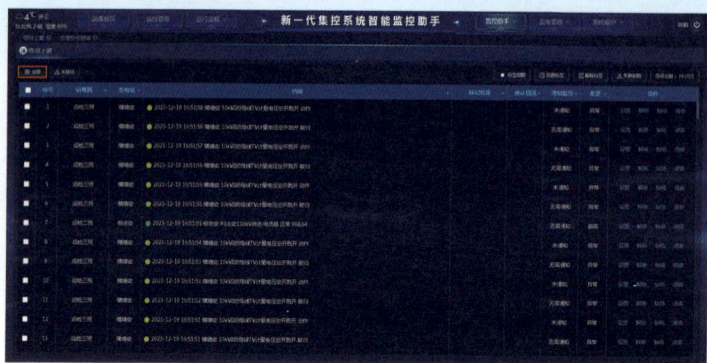

图 1-7　信号上窗—全部

挂牌标签为自动标签，取源端系统挂牌信息，自动为挂牌设备产生的信号挂上对应的标签。点击【编辑】按钮，弹窗中选择是否上窗告警、是否短信通知、是否电话通知、是否参与研判等配置，点击【保存】按钮，保存更新设置。标签规则配置—挂牌标签如图 1-8 所示。

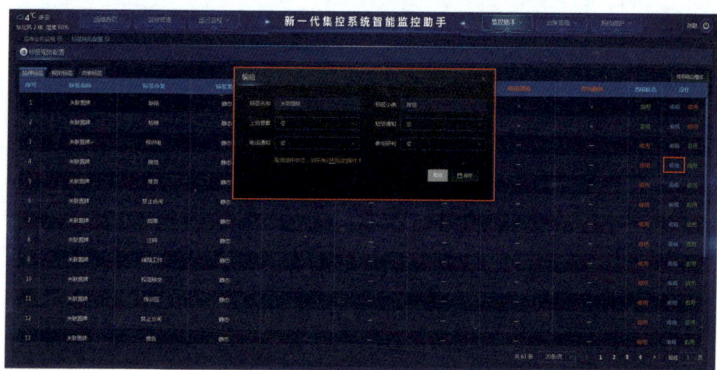

图 1-8　标签规则配置—挂牌标签

规则标签为手工维护标签，设置标签属性后，用户可为上窗信号打上规则标签。目前，已定义的有关键字、遥控操作、无功设备、检修状态等标签；支持手动添加，点击【新增规则标签】按钮，弹窗中填选标签名称、是否上告警窗等，点击【保存】按钮，清单中第一行新增规则标签。标签规则配置—规则标签如图1-9所示。

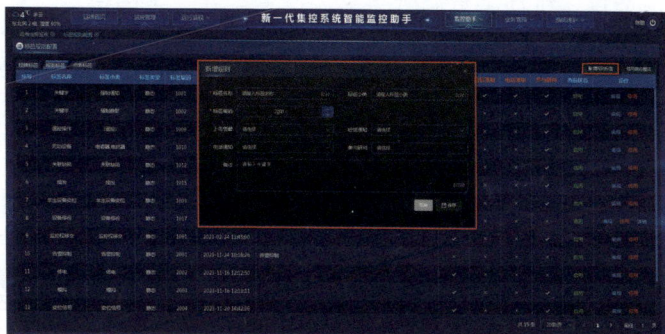

图1-9　标签规则配置—规则标签

点表标签为自动标签，取源端系统点表信息，并设置点位标签属性，为点位产生的信号自动打上标签。点表类型下拉框选择切换，下方展示遥测或者遥信点位清单，填选厂站名称、点位关键字等筛选条件，点击【查询】按钮，下方根据筛选条件展示点位信息。标签规则配置—点表标签如图1-10所示。

图1-10　标签规则配置—点表标签

1.4 信号自动巡视

监控信号自动巡视（见图 1-11）通过人工触发或预设周期，按巡视项目（包括未复归告警、遥信不刷新、置牌信息、抑制信息等）、巡视范围自动实现对监控信号的巡视，并生成巡视报告，支持对巡视结果与上一轮巡视结果进行对比分析，以便运维人员掌握监控信号运行情况。

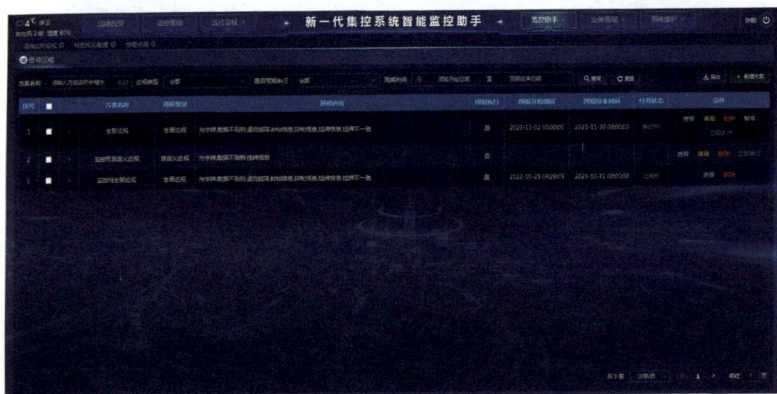

图 1-11　信号自动巡视

巡视方案编制（见图 1-12），点击【新增方案】按钮，弹窗中填选需要巡视的变电站范围、巡视方案名称、巡视内容等，最后点击【确认】按钮，保存巡视方案。巡视类型选择全面巡视时，巡视内容和变电站全选；是否周期执行，选择是，下方支持周期范围配置。

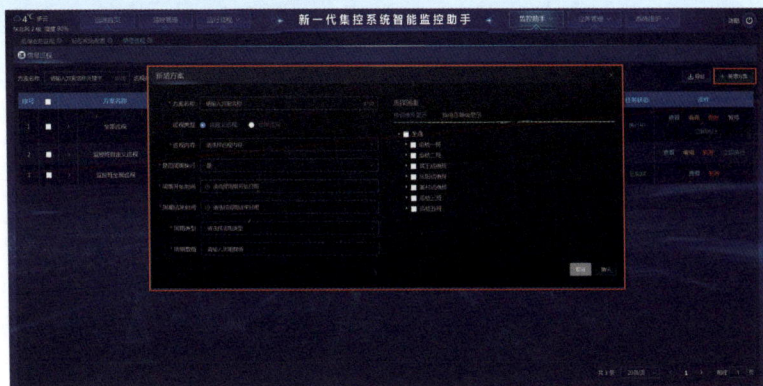

图 1-12　巡视方案编制

2 | 事件处置业务

2.1 事件处置业务说明

智能监控助手根据一组关联告警信号，通过事件研判规则，生成电网故障、异常和越限事件，监控人员通过调阅站内一次接线图、实时视频及历史缺陷等信息对事件进行分析，结合处置预案及日常处置经验，形成标准化的处理流程，辅助监控人员完成对故障及异常的处置。

值班监控人员可通过关联短信模块，将事件相关设备台账，故障录波（手动填写、数据未接），视频检查，处置跟踪等信息通过短信、语音等形式通知现场运维人员，便于现场及时分析设备故障情况。

处置过程中发现的设备缺陷，监控人员通过应用缺陷智能关联模块，对设备缺陷进行填报并推送至业务中台，同时可根据业务中台的调度令信息，对预令签收并完成操作票拟票工作。事件处置业务流程，如图 2-1 所示。

2.2 事 件 详 情

进入辅助决策—事件管理，单击任一事件详情，支持事件详情查看，包括站内接线图、事件关联设备台账信息，历史检修记录、告警信号等，同时支持关联缺陷、处置策略管理、人工归档、发送短信等事件处置相关操作。事件详情—事件全览如图 2-2 所示。

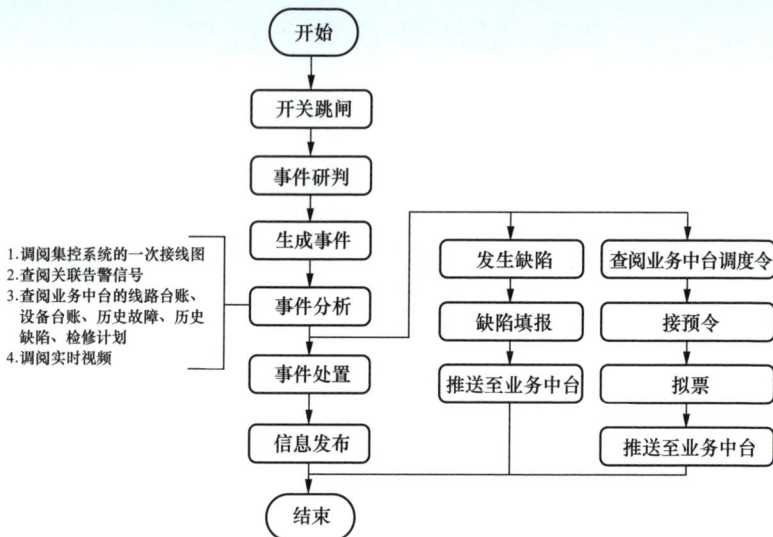

图 2-1　事件处置业务流程

图 2-2　事件详情—事件全览

事件详情—视频调阅，如图 2-3 所示。

图 2-3　事件详情—视频调阅

关联短信查看及短信通知，事件详情—关联短信如图2-4所示。

图 2-4　事件详情—关联短信

2.3　信　息　发　布

事件发生后 5min 内，值班监控人员可通过短信管理 / 语音交互模块，将事件相关信息，包括关联设备台账、视频检查情况、处置跟踪等信息，通过短信、语音等形式通知现场运维人员，便于现场及时分析设备故障情况。语音流程管理如图2-5所示。

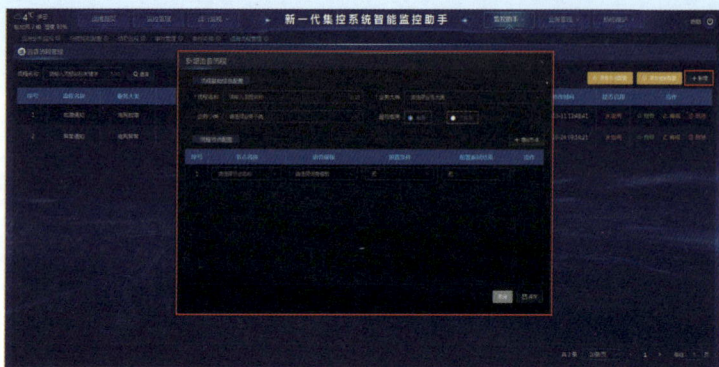

图 2-5　语音流程管理

2.4　辅　助　决　策

在事件发生后，智能监控助手能自动匹配事件处置策略（见图 2-6）。值班人员根据处置策略进行事件处理，记录每一流程的处置情况，并自动将记录信息同步到监控日志，实现事件处置信息化、数字化、智能化，为设备故障、异常等事件处置策略建立经验库提供技术手段。

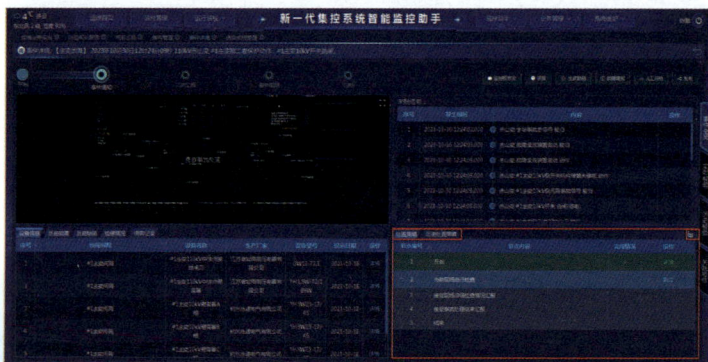

图 2-6　处置策略

事件处置策略新增，如图 2-7 所示。

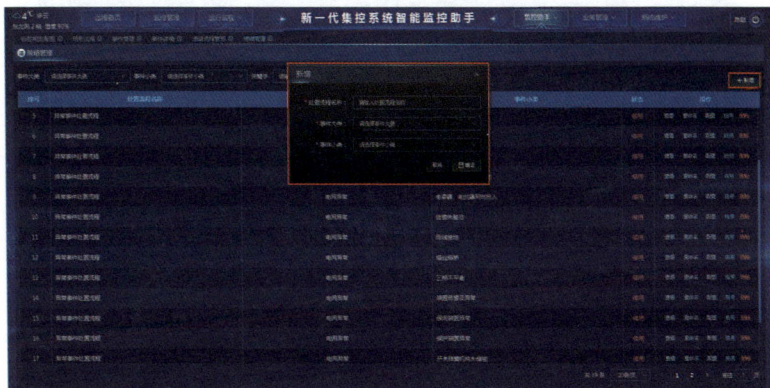

图 2-7　处置策略新增

事件处置策略编辑，如图 2-8 所示。

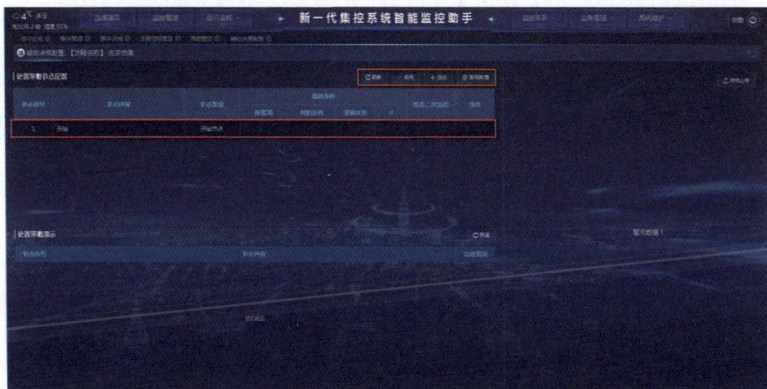

图 2-8　处置策略编辑

事件处置策略演示，如图 2-9 所示。

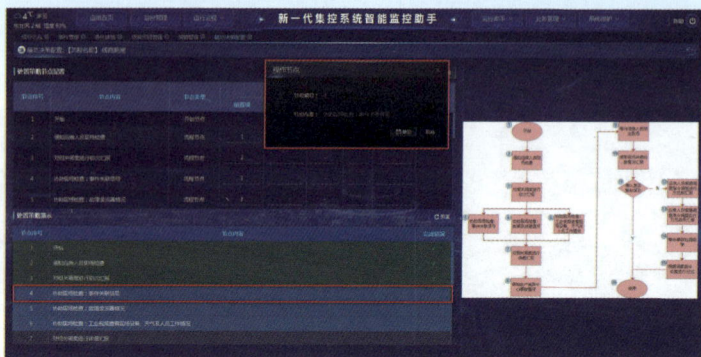

图 2-9　处置策略演示

2.5　缺 陷 智 能 关 联

监控缺陷填报（见图 2-10），点击【生成缺陷】按钮，弹出新增缺陷编辑界面，填选弹窗中的缺陷设备名称、缺陷内容及缺陷性质等，再点击【确认】按钮，完成缺陷信息填报。

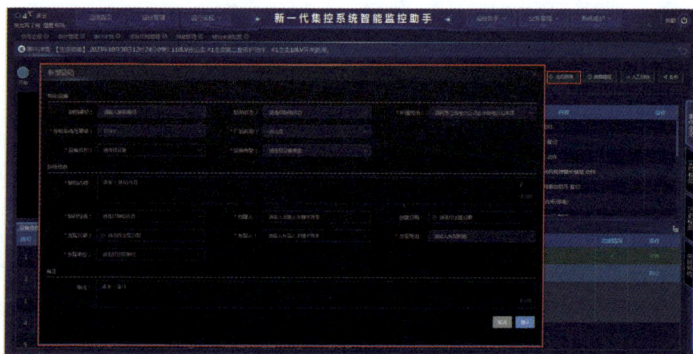

图 2-10　监控缺陷填报

智能监控助手缺陷信息推送至业务中台，进入缺陷管理页面，点击【推送】按钮，弹窗选择【确认】按钮后，实现将缺陷信息推送至业务中台变电缺陷管理的缺陷填报中，此时推送状态字段变为已推送，并且操作列只剩【关联事件】按钮，无法继续编辑。监控缺陷推送如图 2-11 所示。

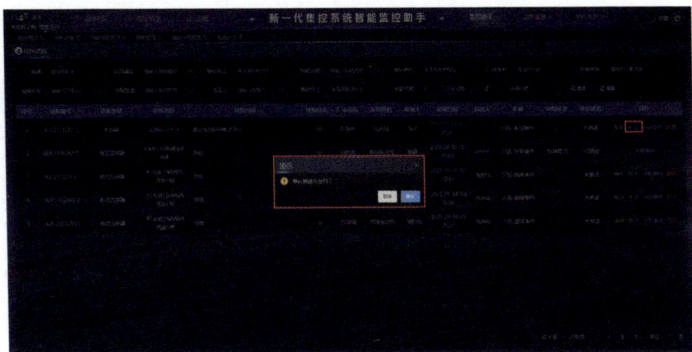

图 2-11　监控缺陷推送

2.6　倒　闸　操　作

查阅调度令（见图 2-12），接收业务中台发送的调度指令票，按省 / 市 / 县分类展示，包括调度令编号、操作任务等信息。

图 2-12　查阅调度令

预令签收（见图 2-13），查询调度令点击详情，查看操作任务详情，选中操作任务，点击【接预令】按钮，完成预令签收工作。

图 2-13　预令签收

拟票，打开预令已签收页面，点击人工拟票，支持页面跳转至操作票详情页面。操作票转拟票如图 2-14 所示。

图 2-14　操作票转拟票

支持手动维护操作票信息，操作票编制如图 2-15 所示。

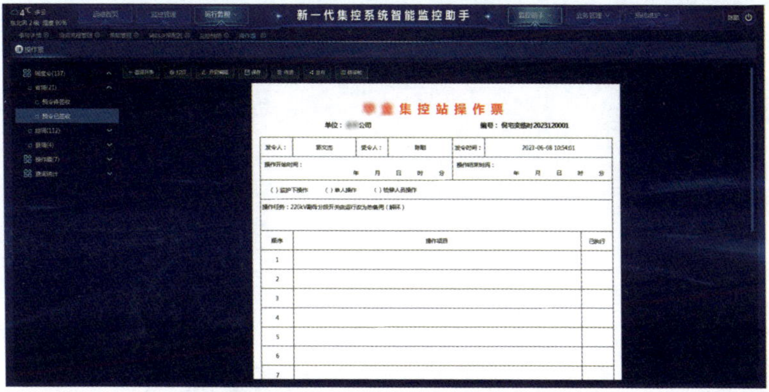

图 2-15 操作票编制

新一代 集控系统
智能监控助手
一本通

3 | 监控值班日常业务

3.1 监控值班管理业务说明

现有监控值班管理规则规定，监控人员在值班期间，与各级调度、运维人员进行业务联系时，应及时做好记录工作。值班结束时，应按时进行交接班。

值班人员职责包括：

（1）执行上级各项规章制度、技术标准和工作要求，落实上级交办的工作。

（2）负责监视集控站所辖区域变电站主辅设备运行工况，开展远程巡视，及时确认告警信息。

（3）接受、执行调度指令，正确完成集控站所辖区域变电站主设备的遥控、遥调、一键顺控等操作，开展辅助设备远程控制。

（4）负责对监控系统信息、画面等功能进行验收。

（5）负责变电站新（改、扩）建及设备检修后监控系统信号接入验收及有关生产准备工作。

（6）负责通知运维人员进行现场事故及异常检查确认，及时向相关调度汇报，并按调度指令进行处理。

（7）所辖区域变电站因故失去远程监控功能时，应通知相关人员立即赶赴现场检查处理；无法及时恢复时，应通知运维人员现场值班，并移交监控职责。

（8）负责集控站及所辖区域变电站网络安全告警信息监视。

监控值班管理业务流程，如图3-1所示。

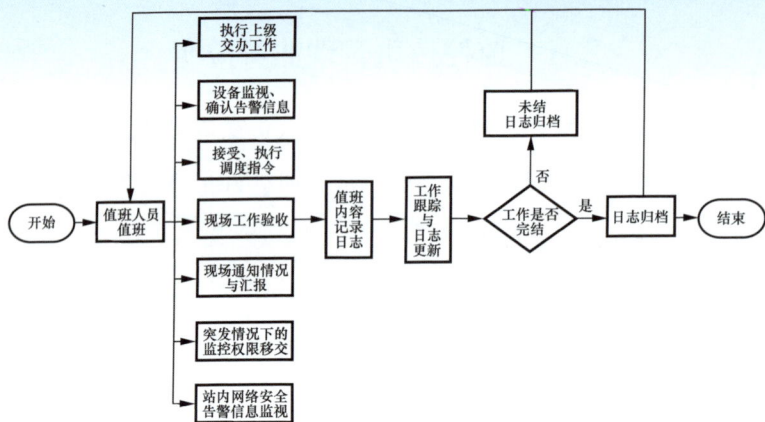

图 3-1　监控值班管理业务流程图

3.2　交接班管理业务说明

值班结束，应按时完成交班工作，交班时应告知接班人员相关运行记录内容，具体包括：

（1）监控范围内的设备运行方式、电压越限、潮流重载缺陷隐患新增及消除、风险预警管控、异常及事故处理等情况。

（2）监控范围内的主辅设备状态变更情况。

（3）监控范围内的检修、操作及调试工作进展情况，包括停电计划、停电范围、指令执行情况等。

（4）监控系统、设备状态在线监测系统及在线智能巡视系统运行情况。

（5）监控系统检修置牌、信息封锁及限额变更情况。

（6）监控系统信息验收情况。

（7）调度电话及其他技术支撑系统的运行情况。

（8）电网重要保电情况。

（9）交班时，还需保证交接正确性，防止出现漏交、误交，经接班监控值班长同意并履行接班手续后，交接班工作结束。

监控交接班流程图，如图 3-2 所示。

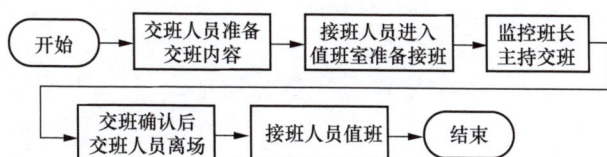

图 3-2　监控交接班流程图

3.3　监控值班班次管理业务说明

值班班次由各监控班视情况自行制定，根据值班方式，一般分为白班、夜班、中班、休息等。新增监控班人员职责进入监控班后，首先分配职位，之后监控值班长将新监控班人员纳入排班表，排班表中预设值班人员值班计划，实际值班情况以交接班记录为准，交接班时的班次记录纳入考勤表，形成监控人员的实际轮值情况。

监控值班班次管理流程，如图 3-3 所示。

图 3-3　值班班次管理流程

支持值班人员的职位维护，与交接班功能联动，交接班时可快速定位人员，提高效率。

3.4 监控值班管理

值班工作台（见图 3-4）支撑值班监控人员记录各类信息，同时支持基础增、删、改、查功能。

图 3-4　值班工作台

日志的分类管理，同时针对不同日志类型，监控日志—事故处置如图 3-5 所示、监控日志—越限告警如图 3-6 所示，日志的编辑界面内容也随之更换，实现差异化管理。

图 3-5　监控日志—事故处置

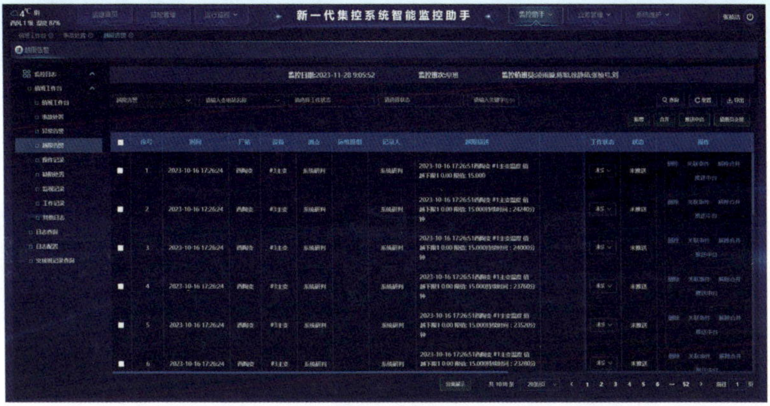

图 3-6　监控日志—越限告警

　　为减少监控人员工作量，支持越限、异常、故障事件日志的自动生成，监控日志—自动记录如图 3-7 所示。自动生成的日志自动关联对应事件详情，提升工作管理精细度。

图 3-7　监控日志—自动记录

　　根据实际业务需要，针对相关性强的日志，支持值班工作台—日志合并（见图 3-8）与值班工作台—解除合并（见图 3-9）。

图 3-8　值班工作台—日志合并

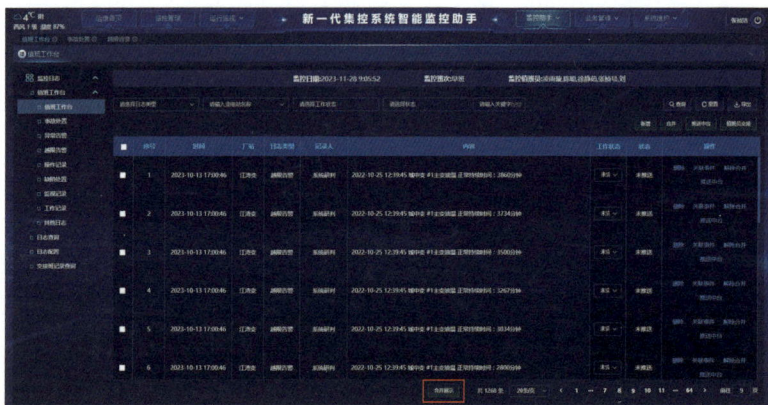

图 3-9　值班工作台—解除合并

智能监控助手维护的日志数据支持推送至业务中台，值班工作台—日志推送如图 3-10 所示，可打通数据壁垒，减少日志重复录入工作，提高工作效率。

图 3-10　值班工作台—日志推送

3.5　交接班管理

交接班功能，支持值班监控人员将本班记录信息交接给下一班，值班工作台—值班员交接如图 3-11 所示。

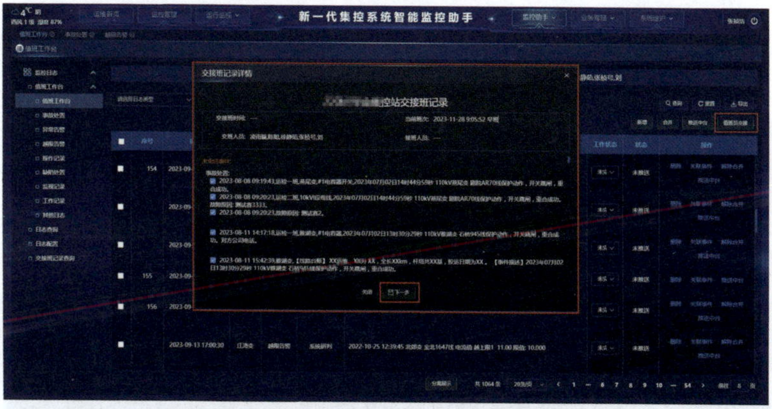

图 3-11　值班工作台—值班员交接

交接班记录（见图 3-12）自动生成，提升交接工作效率。

图 3-12　交接班记录

3.6　监控值班班次管理

值班人员配置（见图 3-13）与交接班功能联动，支持值班人员下拉框自动填充，与值班表、考勤表联动，自动增加值班人员。

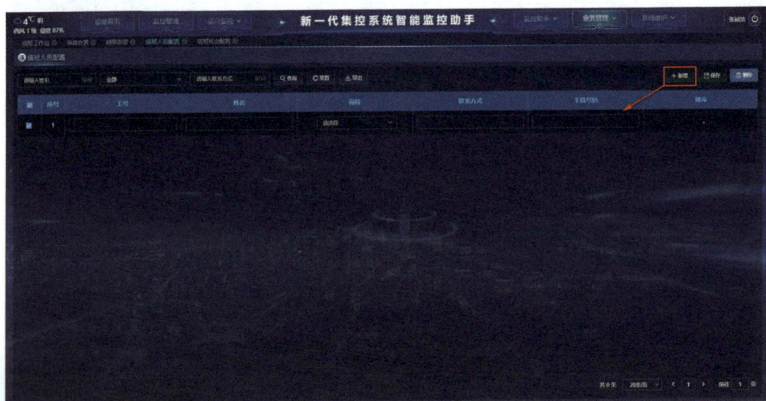

图 3-13　值班人员配置

值班班次配置，如图 3-14 所示。

图 3-14　值班班次配置

值班表维护（见图 3-15）支持批量值班信息导入和月份快速切换查看值班信息。

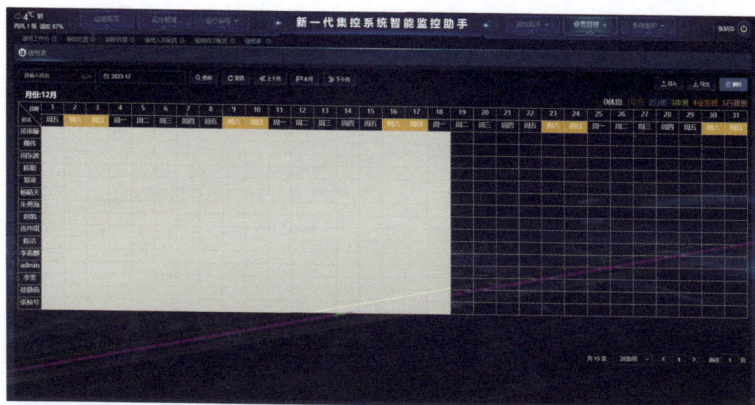

图 3-15　值班表维护

考勤表查询（见图 3-16）与交接班管理联动，自动填充人员的值班班次编码。

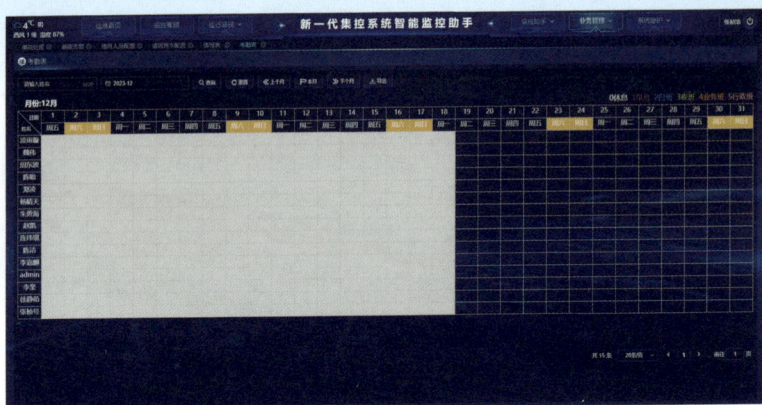

图 3-16 考勤表查询

4 | 运行分析业务

4.1 运行分析业务说明

运行分析是对监控系统及附属设备、现场主辅设备的运行状况进行分析，使监控人员掌握监控系统和变电站的设备现状，找出薄弱环节，制定防范措施，提高监控工作质量和管理水平。

运行分析应包括以下内容：

（1）对监控系统及附属设备的缺陷隐患进行分析。

（2）对变电站设备的异常和缺陷隐患、风险管控成效进行分析。

（3）对变电站重过载设备进行分析。

（4）对电网运行的事故进行分析，汲取事故教训。

（5）对监控系统、薄弱环节及监控管理提出改进措施和建议。

前文已体现智能监控助手对缺陷、电网运行事故进行分析，本节主要针对主变压器重过载、线路重过载及监控系统后台运行情况进行统计分析，支撑值班监控人员进行电网运行分析，提高值班人员工作效率。

4.2 智 能 报 表

支持主变压器负荷统计（见图4-1），包括实时有功、实时无功、容量、负载率、油温、最大负载率及发生时间等。

图 4-1　主变压器负荷统计

主变压器油温统计（见图 4-2），包括实时油温、负载率、最高油温及发生时间等。

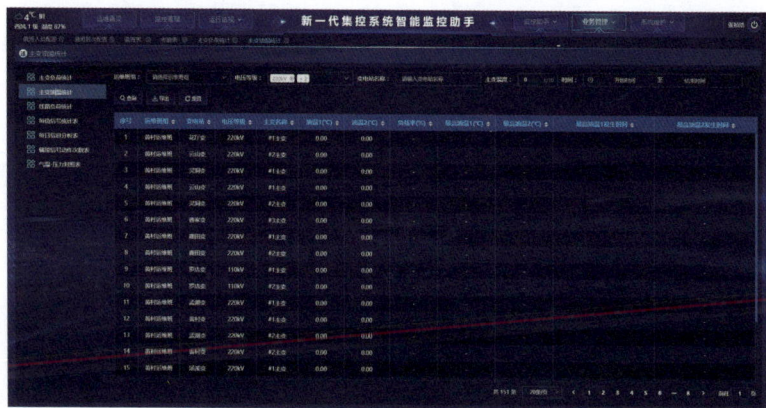

图 4-2　主变压器油温统计

线路负荷统计（见图 4-3），包括实时电流、负载率、最大电流、最大负载率及发生时间等。

图 4-3　线路负荷统计

每值信号统计（见图 4-4），展示各个班次时间段内 5 类告警信号的上窗次数。

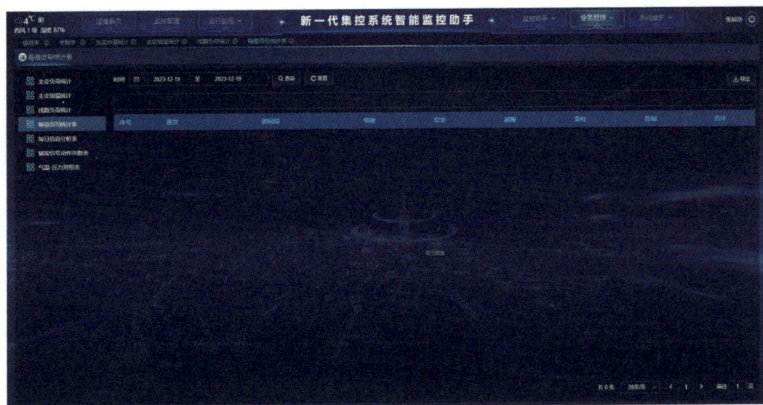

图 4-4　每值信号统计

储能信号动作次数统计（见图 4-5），包括最后一次储能信号发生时间、7 天内动作次数等。

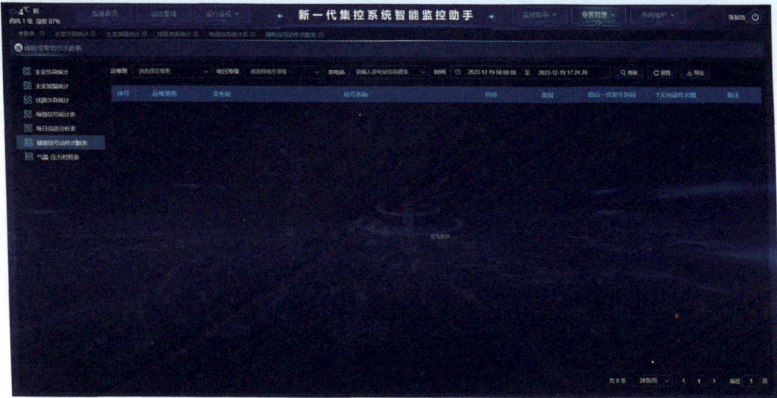

图 4-5　储能信号动作次数统计

5 常见问题及解决方法

1. 系统操作类问题

智能监控助手上线运行后，为帮助各地市公司监控、运维人员掌握智能监控助手的功能和使用方法，国网浙江电力设备部组织浙江华云信息科技有限公司（简称华云科技）进行系统化培训并提供技术支持服务。培训完成后，如使用者出现操作不明确等问题，可查看操作手册。

2. 数据展示类问题

网络中断、数据不匹配等情况可能造成智能监控助手出现数据缺失、展示错误等问题。如遇到数据缺失问题，可检查是否因安全防护等使防火墙关闭导致的；如遇到展示错误问题，可向技术支持单位各地市负责人反馈。

3. 功能 bug 类问题

因功能报错、界面数据无法加载、搜索结果不满足要求等影响集控系统正常使用的，可向技术支持单位各地市负责人反馈，其收到消息后会及时解决。